ÉTUDES

SUR LES

COLÉOPTÈRES CAVERNICOLES

SUIVIES

de la Description de 27 Coléoptères nouveaux français

PAR

ELZÉAR ABEILLE DE PERRIN

Avril 1872

MARSEILLE

TYPOGRAPHIE MARIUS OLIVE

RUE SAINTE, 39

1872

INSECTES CAVERNICOLES

DE L'ARIÈGE

NOTES

SUR LES

INSECTES CAVERNICOLES

de l'Ariège

Au mois de Juin 1870, MM. H. de Bonvouloir, Ehlers, Léon Discontigny et moi avons exploré toutes les grottes qu'on nous a signalées dans le département de l'Ariège. Notre but était de retrouver les coléoptères aveugles que M. Dieck y avait découverts, et de signaler aux entomologistes à venir leurs chances et leurs moyens de transport et de logement dans une excursion de cette nature. Depuis notre retour, les terribles malheurs qui ont fondu sur notre patrie nous ont empêchés, jusqu'ici, de livrer à la publicité nos renseignements et la liste de nos découvertes. La mémoire nous fait défaut aujourd'hui pour donner des détails nombreux et absolument exacts sur notre petit voyage. Pour ne pas induire en erreur nos successeurs, nous nous bornons donc à consigner ici le journal succinct de nos courses et les indications approximatives des distances et des routes.

7 juin. — Nous nous rendons en chemin de fer de Bagnères de Bigorre à Montréjeau. Nous prenons le guide à Saint-Bertrand-de-Comminges, à deux heures de la station. Nous visitons : 1° la grotte de Gargas : 2 *Anophhtalnus Orcinus* ; 2° celle de Thibiran ou Labarthe à une heure et demie de Gargas : 5 *An. Crypticola* ; 3° deux autres grottes, l'une appelée Espugue où nous n'avons rien pris, l'autre sans nom.

dans le bois, trop sèche pour renfermer des insectes. Une *Phytœcia Jourdani* sur une ombelle.

8 juin. — Nous nous rendons en chemin de fer à St-Gaudens. Grotte, dite aussi Espugue, à 20 kilomètres de la ville. Cette grotte, belle et spacieuse, est devenue trop sèche. Sur la route, dans les chênes blancs, nous récoltons un bon nombre de *Corœbus bifasciatus*.

9 Juin. — Nous allons en voiture de Saint-Gaudens à Encausse : trajet 2 heures 1/2. Près d'Encausse, grotte d'Isault. Barousse en est le fermier. Il faut, avant le départ, faire son prix avec lui, et bien spécifier qu'on a l'intention de chercher dans la terre de petites bêtes vivantes, pour lesquelles on conviendra d'une gratification. Barousse est absent; sa femme et sa fille nous accompagnent, mais s'opposent à toute recherche de notre part, sous prétexte qu'il ne faut pas fouiller le sol de peur d'endommager les fossiles qu'il renferme et qu'elles vendent fort cher. Malgré leurs cris furieux et leur menace d'ameuter le village contre nous, nous recueillons 23 Anophtalmes constituant peut-être une espèce distincte du Crypticola. A demi-heure de cette grotte se trouve celle de Mauro, dont l'entrée est complétement inondée et dans laquelle nous n'avons pu pénétrer. A Encausse, nous nous arrêtons à l'Hôtel-de-France, dont le maître est obligeant et modéré dans ses prix. Près de la ville, nous visitons une charmante petite grotte, tapissée de stalactites, mais à sol trop sec et trop dur.

10 Juin. — Voyage en chemin de fer de St-Gaudens à Prat où nous logeons chez M. Faure, horloger-aubergiste, fort brave homme qui nous a accablés de soins et de prévenances. On est seulement invité à saupoudrer avec de l'insecticide ses draps de lit chaque soir. Le meunier de l'endroit, moyennant 5 francs par jour, met à notre disposition un mulet avec selle ou un boguet à six places. Pierre Manaud, guide des grottes, demeure à Casavet, près Prat.

11 Juin. — Grotte de Peyort, à 1 heure de Prat : 19 *An. Cerberus* Dieck sous les pierres et le long des parois. Grotte de Mongotin entre Peyort et Prat : 3 *An. Cerberus.*

12 Juin. — Deux heures de voiture pour aller à la grotte d'Aubert près Saint-Girons : 27 *An. Orpheus* Dieck, sous les pierres exposées au soleil à l'entrée de la grotte ; dans l'intérieur de celle-ci, *An. Pluto* Dieck peu abondant, *An. Cerberus, Adelops Clavatus* nov. sp. et *Diecki* n. sp., ce dernier assez rare. Il nous a été impossible de reprendre l'*An. Bucephalus* Dieck, qui habite avec les précédents.

Grotte d'Amoulis près d'Aubert, contre le village d'Amoulis : *Adel. Clavatus*, très-abondant dans le sable piétiné, *An. Pluto*, assez commun près de l'entrée surtout.

13 Juin. — Grotte d'Estellas, à 3 heures 1/2 de Prat par la montagne, route de mulets. La plus belle des grottes des environs de Prat : l'*An. Cerberus* est très-fréquent sous les grandes pierres plates et l'*Adel. infernus* n'est pas rare près des flaques d'eau et des petits amas de saletés. En dehors de la grotte, sous les pierres et les mousse, habite le charmant *Adel. lapidicola.* n. sp., mêlé au *Schiodtei.*

Grotte de Saleich, à 3 heures d'Estellas par la montagne, route de piétons : 14 *An. Cerberus*, *Adel. infernus* Dieck assez fréquent. Les honneurs de la journée sont à M. Ehlers, qui a pris, dans cette course, quatre espèces des plus rares et des plus remarquables : à Estellas, 1 *Anoph. Ehlersi* n. sp., dans la terre ; devant la grotte, un Machærites qui doit être le *Cristatus* n. sp.; dans la montagne, 1 *Nomius Grœcus* et à Saleich un *Adelops Ehlersi* n. sp.

14 Juin. — Grotte d'Arbas, à 3 heures de Prat, dans la Haute-Garonne. Course infructueuse quoique la grotte paraisse bonne et renferme des stalactites.

15 Juin. — Grotte d'Aspet a 3 heures de Prat, en voiture : 3 Anoph. *Consorranus* Dieck, *Adel. Ovatus* très-commun. A une demi-heure de cette grotte, on nous indique celle du Roc-de-Maloi, qui n'est qu'une excavation traversée par un ruisseau : *Homalata Subcaricola*. Sur les ombelles de la route *Pachyta erratica*, mêlée à la *Cerambyciformis*.

16 Juin. — Entre Prat et Boussens, grottes de Mazères, de Salat, Roc Muller et Tropsich. Nous n'y avons rien pris. — Enfin près St-Girons, grotte de Ountouno, trop sèche et ne renfermant que des Homalota.

17 Juin. — Nous allons de Prat à St-Girons en chemin de fer. Grotte de Miguet sur la route de Saint-Lizier, à 1/4 d'heure de St-Girons ; nous n'y prenons que des Pritonychus. — Grotte d'Olote à 1/2 heure de St-Girons : 78 *Adel. Abeillei* n. sp. le long du cours d'eau près des fientes de chauve-souris ; *Homalota subcaricola.*

Grotte du Mas d'Azil, à 2 heures de Saint-Girons en voiture. Magnifique excavation sous laquelle traversent la route et le torrent. Dans ses chambres supérieures, nous prenons 5 *Anoph. Cerberus var. Inœqua-*

lis, bon nombre d'*Adel. Abeillei* n. sp. Enfin depuis notre retour, j'ai reçu de M. Bauduer l'*An. Trophonius* n. sp. provenant de la même localité.

18 et 19 Juin. — Trois heures de voiture de St-Girons à Saintein; de Saintein au Brocard, 6 kilomètres, route de mulets; du Brocard aux mines du Ben Taïou, 4 heures de montée. Sur cette dernière route, deux grottes: celles de Cigalère et des Corneilles, trop élevées probablement pour renfermer des insectes. Nous couchons à la cantine de la mine. Le 19 matin, ascension au sommet du Ben-Taïou, où habitent, sous la neige, bon nombre de Carabiques, des Anisotomes, et, en petit nombre, le *Trechus Abeillei* n. sp. Retour à St-Girons, en passant par la grotte d'Aubert, où nous prenons une vingtaine d'*An. Orpheus* Dieck.

20 Juin. — Grotte de Montesquieu de Lavaut, à 10 kilomètres de St-Girons; route de voitures: 20 *Adelops Saulcyi* n. sp.

Grotte de Fontanet, à 7 kilomètres de Seix: *Adelops Clavatus* n. sp. *Pholeuon Querilhaci*.

Grotte de Naupont, près d'Aulus, assez humide et profonde, mais où nous n'avons rien trouvé.

21 Juin. — Route de St-Girons à Foix: 5 heures de voiture. Au milieu de cette route, grotte de Labastide de Sérou, bien disposée et pouvant renfermer des Anophtalmes: 20 *Adel. Saulcyi* n. sp.

22 Juin. — A peu de distance de Foix, grotte d'Escalas, près de l'église de l'Espioug: ce n'est qu'une excavation.

23 Juin. — Grotte de Lherm, à 1 heure de Foix; cette grotte est une propriété particulière dont on nous donne obligeamment la clé: *Adel. Saulcyi* n. sp. *Pholeuon Querilhaci*; devant l'entrée, *Scotodipnus Pandellei* Saulcy.

Grotte du Portéi ou Campagna, près Sarguet, à deux heures de Foix en voiture: *Pholeuon Querilhaci* et *Adel. longicornis* n. sp. abondants; 2 *An. Cerberus*, malheureusement morts et en mauvais état, ce qui nous empêche de constater leur parfaite identité.

24 Juin. — Nous allons, en 4 heures de voitures, à Ussat, où le forgeron, guide des grottes, nous conduit à celle de Saras: 200 *Pholeuon Querilhaci*, quelques *Adel. Pyrenæus*.

25. Juin. — Grotte de Lombrive ou des Echelles: *Pholeuon Querilhaci* et *Adelops Pyrenæus*. Nous n'avons pu reprendre l'*An. Minos*. Grotte de Bedeilhac: *Adelops Pyrenæus* très-abondant. Ces trois der-

nières grottes sont immenses ; celle de Lombrive surtout est d'un grandiose saisissant.

26 et 27 Juin. — Retour à Bagnères de Bigorre.

Pour compléter cette énumération, je dois ajouter que, près de Bagnères, M. de Bonvouloir et moi avons été prendre *l'An. Æacus* dans les grottes de Campan et de Castel-Mouly, les *An. Leschnaulti* et *Discontignyi* dans celles de Castel-Mouly et du Bédat, la rarissime *Feronia Microphtalma,* les *An. Gallicus* et *Rhadamanthus*, les Adelops *Speluncarum*, *Schiodtei et ovatus* dans celle de Betharram.

Enfin, pensant, quelques jours après notre retour, que les pluies qui venaient de tomber avaient rendu plus humides les grottes de l'Ariège, je suis reparti seul pour les explorer à nouveau ; j'y ai repris tout le petit monde souterrain déja énuméré, sauf *les Anoph. et Adel. Ehlersi*. Cette seconde course a eu au moins pour résultat de me permettre d'observer les mœurs insolites de *l'An. Orpheus*, qui vit parfois loin de toute grotte, ainsi que je l'ai constaté sur la montagne d'Estellas. J'ai pu enfin capturer, près de l'entrée de cette dernière grotte, le charmant *Mchœrites cristatus* n. sp. à côté d'une énorme *Athoüs Titanus*.

Une remarque que nous avons vérifiée pour ainsi dire à chaque pas, c'est que les *Pristonychus*, fort abondants dans l'Ariège, passent par toutes les variations de couleur du bleu au rougeâtre et au noir, selon qu'ils habitent plus ou moins profondément dans les grottes. Dès lors, je ne sais comment il est possible de séparer les *terricola*, *cyanescens*, *latebricola*, *hypogœus* et peut-être *Pyrenœus*, que je crois appartenir à la même espèce.

Nos recherches nous ont conduits à la conviction qu'il est impossible de préciser d'une manière absolue aucune loi générale sur la manière de vivre des Anophtalmes. La seule vérité que nous puissions affirmer, c'est qu'ils habitent les grottes humides et que la sécheresse les tue ou les force à émigrer. Inutile donc d'espérer les rencontrer dans des grottes dont le sol, interrogé même avec la pioche, ne révèle aucune humidité. Si les espèces qui composent ce groupe intéressant affectent des formes variées à l'infini, chacune de ces formes correspond à des mœurs distinctes et spéciales, et c'est avec une grande hésitation que je vais chercher à indiquer le genre de chasse applicable à chaque catégorie de forme un peu tranchée. Je diviserai pour cela les anophtalmes français en cinq groupes :

1er (Sous-genre Duvalius) : élytres striées, épaules plus ou moins marquées, taille moyenne. Ils habitent en général les grottes peu profondes et se tiennent souvent par couples sous les pierres ou dans le sol à une très-petite profondeur. Les appâts réussissent parfois à les attirer. *Auberti*, *Raymondi*, *Delphinensis*, etc.

2me groupe. Elytres striées rugueuses, épaules plus ou moins distinctement crénelées, taille petite. Ils habitent dans l'intérieur même de la terre ou de l'argile, à une certaine profondeur, surtout sous les grosses pierres complétement invisibles dans le sol : ***Orcinus***, *Trophonius*, *Consorranus*, etc.... Le *Discontignyi* préfère quelquefois l'argile presque liquide, que ses épaules épineuses l'aident à sillonner ; peut-être chasse-t-il dans les galeries des lombrics, comme les Anillus. Il faut pour se procurer ces espèces, en général peu abondantes, chercher près de l'ouverture des cavernes, dans les talus où suintent d'imperceptibles filets d'eau. *L'Orpheus*, ainsi que je l'ai déjà dit, se rencontre même dans la terre à l'air libre, loin de toute grotte.

3e groupe (*Anophtalmes vrais*) Elytres légèrement striées, épaules effacées, taille variable, pattes médiocres. Ce groupe ne renferme jusqu'ici, en fait d'insectes français, que les *Gallicus*, *Rhadamanthus* et *Bucephalus*. Les deux derniers vivent à la manière de l'*Orpheus*, mais dans l'intérieur même de la caverne, le 1er, comme les *Duvalius*, sous les pierres. J'ignore comment se comportent les espèces de la Carniole, qui rentrent presque toutes dans ce groupe.

4e groupe (Formes Aphœnopsiennes). Corps très-allongé, élytres indistinctement striées, pattes très-longues, tarres antérieurs quelquefois imperceptiblement dilatés chez les mâles. Ces espèces sont essentiellement nomades. On les rencontre courant sur le sol, dans le voisinage des petites flaques d'eau; elles s'abritent parfois sous les pierres plates: *Pandellei*, *Cerberus*, *Æacus*, *Crypticola*; souvent aussi elles arpentent les stalacmites et les parois humides : *Minos*, *Leschnaulti*, etc. Leurs allures sont très vives: le *Pluto* est le plus agile de tous, grâce à ses jambes tout à fait démesurées. Je suis persuadé que la rareté de certaines espèces de ce groupe (*Chaudoiri*, *Minos*), doit s'expliquer par la raison que les grottes où on les a trouvés ne sont visitées par eux qu'accidentellement, et qu'ils habitent d'ordinaire d'autres excavations hypogées, dans lesquelles il est impossible de pénétrer à cause de la petitesse des fissures qui les relient aux cavernes explorées.

Enfin il existe encore un groupe d'Anophtalmes tout à fait à part, formant le passage des paisibles *Duvalius* aux *Aphænops* vagabonds, présentant à la fois les stries de ceux-là et les proportions étroites de ceux-ci, et se composant jusqu'ici du seul *Ehlersi*. Le représentant unique de cette curieuse espèce a été découvert à Estellas, enfoncé dans la terre humide; mais il est probable qu'on pourra le rencontrer aussi courant sur la terre mouillée; c'est du moins ce que fait présumer son faciès voisin de celui des Aphœnops.

Les récentes découvertes françaises permettent, on le voit, d'établir toutes les transitions entre les genres *Anophtalmus* et *Aphœnops*. Les tarses antérieurs simples dans les deux sexes, chez ces derniers, leur forme excentrique et leurs habitudes nomades paraissaient et constituaient réellement trois caractères excellents pour l'établissement d'un genre nouveau, à l'époque où M. de Bonvouloir découvrait son magnifique *Leschnaulti*. Depuis lors et contre toute attente, ces caractères ont perdu leur valeur, et ne peuvent plus servir qu'à distinguer des coupes voisines dans un genre polymorphe. Bien plus, ce genre lui-même ne paraît plus à certains Entomologistes pouvoir être séparé du genre *Trechus*. L'absence de l'organe visuel serait le seul caractère propre aux Anophtalmes, et là encore tous les passages existent depuis les yeux bien saillants et noirs, jusqu'à la petite plaque lisse et allongée qui trahit l'endroit où ils devraient être chez les Aphœnops. Je rappelle en passant que les nouvelles études de M. Lespès ont obtenu comme résultat la constatation de la cécité complète, même chez les Anophtalmes appartenant au sous-genre *Duvalius* (*Auberti*), contrairement à la prévision de mon cher maître et ami le docteur Grenier, qui présumait que le défaut ou l'oblitération de l'organe extérieur de la vue était suppléé chez ces insectes par un développement plus considérable de l'organe interne. Il serait maintenant très-intéressant d'examiner si le nerf optique manque absolument chez certaines espèces de Trechus exclusivement cavernicoles, dont l'œil extérieur est réduit, déprimé et même simplement ponctué, au lieu d'être normalement taillé à facettes (*Navaricus*, *Saxicola* etc.). Je ne puis me défendre de penser que l'atrophie de l'organe extérieur indique l'absence de l'organe intérieur. C'est la conséquence des expériences de M. Lespès; mais le scalpel seul peut trancher cette question. Si cette opinion se trouvait confirmée, faudrait-il conserver les deux genres *Trechus* et *Anophtalmus*, et comment en fixer la délimitation? Il me semble qu'il y a grand avantage à subdiviser les genres dont les espèces atteignent un chiffre de jour en jour plus considérable. Je ne verrais donc nul inconvénient à conserver le genre *Anophtalmus*, à la condition de le limiter aux espèces dont *l'œil extérieur*, visible ou non, *est dépourvu de pigmentum noir*. C'est là un caractère purement artificiel, mais facilement appréciable et le seul absolument exact. En tout état de cause, l'*Anoph. Navaricus Vuill.* doit rentrer dans le genre *Trechus*.

Je ne veux pas m'engager ici dans la grande question de la modification des espèces. Je crois cependant que l'étude des hypogés pourrait servir d'argument aux partisans de la stabilité de l'espèce dans de certaines limites. Dans les grottes, en effet, on ne comprend que difficilement l'action des milieux différents : la température, la nature du sol sont le plus souvent les mêmes, et cependant nous trouvons côte à côte des espèces à formes distinctes, dont chacune est fidèle à son genre de vie originel. Si, pour des causes encore inconnues, des races aberrantes se produisent parfois (et le *Cerberus var. inæqualis* du Mas d'Azil m'en semble un exemple), ce sont là des exceptions qui ne peuvent infirmer le principe auquel je me rattache. Je profite de cette occasion pour faire remarquer que le Cerberus est le plus nomade des Aphœnops connus, puisque sa patrie s'étend de la grotte d'Estellas jusqu'à celle de Campagna, séparées entre elles par plus de 30 kilom.

M. Simon a bien voulu se charger de décrire dans nos Annales de curieuses arachnides que j'ai rapportées de notre voyage. Il serait désirable que l'on pût s'occuper des crustacés et des annélides qui abondent dans les grottes et doivent évidemment constituer des types nouveaux et intéressants. Dans la grotte d'Estellas vit aussi un petit mollusque transparent appartenant au genre *Acme* et qui a paru nouveau aux conchyliologues. Je signale enfin un diptère (genre *Blephariptera*) dont les larves et les pupes pullulaient à Olote, au milieu des fientes de chauves-souris.

En terminant ces remarques, j'ajouterai que la meilleure saison pour la chasse des cavernes est incontestablement le premier printemps, époque où les grandes pluies, inondant les fissures des rochers, forcent les insectes à se réunir dans les grandes excavations ou les engagent à se rapprocher de la surface d'un sol détrempé. Quant à la question de savoir si la reproduction de ces insectes s'opère indifféremment en toute saison, de nouvelles observations sont nécessaires pour l'élucider définitivement.

TRECHUS ABEILLEI. Pandellé.

Sat abbreviatus, depressus, glaber, omnino testaceus vel fuscescens Caput augustum; poris orbitalibus retrorsùm leviter convergentibus; interstitio post oculari oculis longitudine circiter æquali ; antennis validioribus quartam elytrorum partem modo attingentibus, art. 2e 4° parùm longiore. Pronotum sat augustum, lateribus posticè versùs 6/7 paulatim constricto-erectis ; angulis posticis acumine obtuso extùs non prominulo; fossulis basalibus profundis a margine laterali interstitio depressiusculo separatis. Elytra 4ª vix partè longiora quàm latiora disco depresso; lateribus paulatim decumbentibus ; basi rotundata, marginibus anteriùs curvatim convergentibus ; stria 1ª apice 6ªm versus ducta, 5ªm versùs recurva et confluente ; interstitio 3° triporoso, poro ultimo apicem versùs disposito. — Long. 2,5. — 2,8 millim. — Ariège (Bentayou) nivibus mense junio (Abeille, de Bonvouloir.)

Pronotum ayant tout au plus les 2/3 de la largeur des élytres, un peu plus retréci en arrière qu'en avant ; disque à sillon médian légèrement imprimé à la base ; angles postérieurs un peu moins avancés que le bord postérieur. Elytres à stries peu profondes non ou très-obsolètement pointillées, les latérales presque effacées, la 9e strie atteignant le niveau de la 4e. Ailes nulles. Intervalle coxal égal à la moitié du pilier postérieur, ou la dépassant à peine. Mâle : cuisses postérieures simples.

Cette espèce est intermédiaire à deux autres Pyrénéennes, le T. *Pyrenæus* et le T. *distinctus*. Elle a presque la taille et la forme du premier, mais ellle s'en distingue aisément par la petitesse de ses yeux, les angles postérieurs du pronotum obtus, les élytres plus convergentes vers la base et un peu moins élargies en arrière. Elle se place plutôt à côté du T. distinctus. On l'en sépare par sa taille plus faible, sa forme un peu plus raccourcie, ses yeux encore plus petits, par le 4e art. des antennes visiblement plus court que le 2e, les autres moins grêles ; enfin les élytres sont moins longuement attenuées des épaules à leur insertion.

ANOPHTALMUS TROPHONIUS. Abeille.

2 mill. 1/2.

Parum elongatus, convexus, capite magno thorace subcordato, elytris pubescentibus rugulosis striatis, striis ad suturam magis perspicuis, antennis pedibusque brevibus.

Une longue description de cette espèce, la plus petite connue, serait superflue, tant elle affecte de copier l'*An. Orcinus*. Elle est encore plus petite que lui et velue comme lui. La tête est proportionnellement moins forte et n'égale pas, en largeur, le sommet du corselet; ses côtés sont plus arrondis, le corselet est plus court et plus cordiforme, c'est-à-dire que ses côtés sont plus arrondis vers le sommet. Les élytres sont notablement plus courtes, plus convexes et plus parallèles; les épaules moins accusées et plus arrondies; l'espace qui s'étend de l'écusson aux épaules continue pour ainsi dire la courbe de celles-ci, au lieu d'être retiligne. Le fond des élytres paraît moins rugueux; les stries sont plus distinctes; on peut en compter 5 ou 6 à partir de la suture et soupçonner les autres. La villosité générale est beaucoup plus courte et plus espacée. Enfin les antennes sont plus épaisses et les articles des tarses postérieurs sont plus courts, surtout les 3me et 4me.

Un seul individu m'a été envoyé par M. Bauduer, comme ayant été trouvé au mas d'Azil, avec l'espèce suivante. J'ai hésité avant de publier cette description, si voisine de celle de l'*Orcinus*; mais elle complète la faune hypogée de l'Ariége; et les caractères que j'indique me semblent devoir être pris en grande considération quand on remarque que la grotte de Gargas, patrie de l'*Orcinus*, est à de plus de vingt lieues du Maz d'Azil. C'est évidemment encore un de ces Anophtalmes si difficiles à trouver et qui vivent enfoncés dans la terre ou l'argile.

Je tiens à exprimer ici à M. Bauduer ma vive reconnaissance pour m'avoir obtenu de l'heureux inventeur de cette espèce la cession de l'unique individu capturé par lui.

ANOPHTALMUS CERBERUS VAR. INÆQUALIS. Abeille.

Nous avions cru tout d'abord que l'Anophtalme pris par nous au Mas d'Azil était une espèce nouvelle. Un plus sérieux examen m'a conduit à n'y voir qu'une race particulière du *Cerberus*, différant du type par la tête et le corselet plus robustes et les deux avant-derniers pores sétigères de la 1re série des élytres très-rapprochés entre eux au lieu d'être également distancés. Ces deux particularités existent sur les cinq exemplaires rapportés par nous et sur un autre individu de la même localité communiqué par M. Bauduer. J'ai cru qu'il était utile de baptiser cette race intéressante et spéciale au Mas d'Azil dans la persuasion où je suis qu'on voudra l'élever un jour à la dignité d'espèce.

ANOPHTALMUS EHLERSI. Abeille.

Taille : 4 millim. de long et 1 millim. de large.

« *Pallide testaceus, caput elongatum parallelum : antennis dimidio* « *corporis vix longioribus ; thorace elongato subcordato, ad basim vix* « *augustiore ; elytris subparallelis angulo humerali obtuso, punctis lævi-* « *bus impressis, strias formantibus, obseletis ad apicem : pedibus* « *brevibus.* »

Testacé pâle. *Tête* à côtés tout à fait parallèles, un peu plus de deux fois plus longue que large, non compris les parties de la bouche ; très-peu convexe. Mandibules très-allongées, médiocrement arquées ; palpes à dernier article très-pointu, de la longueur du précédent. Sillons frontaux divergeant à partir de leur base même. *Antennes* dépassant à peine la moitié du corps, assez épaisses : 1er article peu épais, subégal au 2me qui est plus mince ; 3e, 4e et 5e plus longs que les premiers ; les autres vont en diminuant de longueur ; dernier obtusément arrondi, plus court que le précédent ; couvertes de poils assez serrés et de médiocre longueur. *Corselet* plus court que la tête, imperceptiblement plus large qu'elle au sommet, se rétrécissant légèrement et subcurvilinéairement du sommet à la base. Angles de la base obtus. Sillon médian faible ; poils des angles de la base courts ; ceux qui sont près du sommet un peu moins courts. *Elytres* convexinscules, un peu plus longues que la tête et le corselet, à peu près parallèles, à épaules très-décombantes, à angles huméraux presque nuls, tronquées arrondies à l'extrémité, régulièrement striées de points très-superficiels et distants ; les stries vont en s'oblitérant à partir des deux ou trois premières et sont tout à fait obsolètes à partir du milieu de l'élytre : 2 gros pores sétigères sur la 1re strie, l'un avant le quart antérieur, l'autre avant l'extrémité ; 3 autres sur la 2e strie, placés à distances égales entre les deux autres ; et deux enfin le long du bord latéral, le premier à l'angle huméral, le 2e près l'endroit où commence la troncature apicale de l'élytre : ce dernier est suivi d'une sinuosité très apparente au bord externe de l'élytre. Pattes courtes, comme dans le sous-genre *Duvalius* ; antérieurs avec les deux premiers articles tarsaux dilatés chez le mâle. *Tarse* antérieur de la longueur de la moitié du tibia ; intermédiaire à peine plus long que les antérieurs ; postérieur plus allongé, à 1er article un peu moins long que les autres réunis : tibias postérieurs assez arqués.

Cet insecte forme le passage entre les Anophtalmes vrais et Aphænopsiens ; il s'éloigne des premiers par sa forme élancée et des seconds par ses pattes et antennes courtes et ses élytres striées. Le parallélisme remarquable de sa tête et de son corselet empêchera qu'on ne le confonde avec aucun de ses congénères.

Grotte d'Estellas, pres Prat (Ariège), mêlé au *Cerberus.* Le seul individu connu étant un peu immature, il est possible que la couleur normale de cette espèce soit moins pâle. Il a été pris en juin dans l'intérieur de la terre par M. Ehlers à qui je le dédie en souvenir de notre expédition dans les grottes des Pyrénées.

ANOPHTALMUS CONSORRANUS Dieck.

Cette espèce a été décrite par M. Dieck comme variété de son *Orpheus.* Cette prudence se comprendra facilement quand on saura que M. Dieck n'avait sous les yeux que deux exemplaires du *Consorranus* et un *Orpheus*, éléments insuffisants pour éclairer son jugement. Ayant pris plus de 50 exemplaires du second et trois du premier, nous avons pu étudier plus sûrement la question, et le *Consorranus* devra désormais prendre le rang d'espèce. — Il diffère en effet de son congénère par la tête plus parallèle et plus étroite, le corselet plus étroit surtout à la base, l'échancrure qui précède les angles postérieurs de ce segment commençant plus haut et d'une manière moins brusque ; ces angles moins saillants, l'espace allant des épaules à la base des élytres beaucoup plus oblique, les élytres plus parallèles surtout vers l'extrémité, à stries plus régulières et moins grossières.

(Grotte d'Aspet, rare.)

MACHÆRITES CRISTATUS Saulcy

L. 1 mill. 1/2.

Rufus, cæcus, capite lævigato, excavato, vertice longitudinaliter cristato, thorace longitudinaliter carinato, elytris parum dense punctatis, antennis gracilibus, articulis duobus primis simplicibus, primo longissimo.

Taille et couleur du *Mariæ;* forme un peu plus parallèle et plus convexe. Tête plus petite, de la largeur seulement de la moitié du corselet, lisse, excavée en avant, cette excavation largement réunie aux deux fossettes postérieures qui sont séparées par une crête élevée et tranchante. Palpes maxillaires comme chez le *Mariæ*, n'offrant que quelques légers tubercules sur la partie renflée du 2ᵉ article. *Antennes* minces ; 1ᵉʳ article très-long et étroit, 2e en ovale allongé, un peu moins large, les suivants encore un peu plus étroits, ovales d'abord, ronds ensuite ; 9e rond, à peine plus gros que le précédent ; 10e de moitié plus large et plus long que le précédent, turbiniforme ; 11e d'un tiers plus large que le précédent, plus long que les trois précédents réunis, acuminé. La massue des Antennes est plus mince à proportion chez cet insecte que chez aucun autre Bythinien. A l'angle oculaire, on ne remarque qu'une petite granulation testacée. *Corselet* lisse, un peu plus large que long, offrant une carène longitudinale non tranchante, allant d'une extrémité à l'autre, interrompant le sillon arqué de la base qui forme près d'elle, de chaque côté, une petite fossette et se termine latéralement dans une fossette plus petite que chez aucun Bythinien. En avant, de chaque côté de la carène qui les sépare, se trouvent deux impressions obliques bien marquées, convergeant en arrière. *Elytres* à ponctuation bien marquée, très-peu serrée, ayant à la base les impressions ordinaires chez les Bythiniens ; calus huméral assez saillant. *Abdomen* n'offrant rien de particulier ; il est recourbé en dessus, l'exemplaire que j'ai sous les yeux étant un mâle. *Fémurs* assez épais ; tibias antérieurs droits, très-légèrement échancrés en dedans avant l'extrémité, sans dent ; intermédiaires à peine sensiblement courbés au milieu ; postérieurs droits, recourbés seulement vers l'extrémité et terminés en dedans par une apophyse épineuse, ce qui est un caractère sexuel du mâle. Pubescence grisâtre assez courte.

Le seul exemplaire que j'ai vu a été trouvé par M. Abeille de Perrin devant l'entrée de la grotte d'Estellas, sous une énorme pierre. Cet insecte est extrêmement remarquable à cause de la sculpture du corselet qui lui est tout à fait spéciale.

SYNOPSIS DES ADELOPS PYRÉNÉENS.

(N. Tous les mâles ont cinq articles aux tarses antérieurs.

L'*A. Asperulus* fairm, indiqué comme habitant les Pyrénées, n'en est probablement pas originaire. Le type provient de la collection Ecoffet.)

1. *Adelops Ehlersi*, Abeille. L. près de 4 mill. Brunneus, ovatus, minus convexus, postice attenuatus, stria suturali parum conspicuâ. Thorace breviore, elytris transversim striolatis et longitrorsum ad latera obsolete bicostatis, sulco angusto costis separatis, antennis pedibusque elongatis. Mas latet.

La plus grande espèce du genre, ayant le faciès du *Catops depressus*, très-remarquable par sa taille, la brièveté du corselet et les deux côtes obsolètes et assez larges que présente chaque élytre.

Je dédie cette magnifique espèce à mon ami M. Ehlers, qui a découvert la seule femelle connue, dans la grotte de Saleich (Ariége).

2. *Adelops Bonvouloiri*, Duval. L. 3 1/2 mill. Rufotestaceus, ovatus, convexus, postice attenuatus, striâ suturali parum conspicuâ, elytris transversim striolatis, antennis pedibusque elongatis, tarsis anterioribus in mare dilatatis, elongatis, patellam non formantibus.

Grottes des environs de Villefranche (Pyr.-Or).

3. *Adelops Diecki*, Saulcy. L. 3 3/4 mill. Rufotestaceus, ovatus, minus convexus, postice haud attenuatus, stria suturali obsolescente, elytris transversim striolatis, antennis pedibusque elongatis, tarsis anterioribus in mare fortiter dilatatis, patellam formantibus.

Grotte d'Aubert (Ariège).

Se distingue sans peine du précédent par sa forme moins atténuée en arrière, ses pattes postérieures moins longues, les tarses antérieurs du mâle plus fortement dilatés. Très-voisin du Pyrenæus, plus grand, moins allongé, corselet allant en s'élargissant presque jusqu'à la base tandis que chez le suivant la plus grande largeur est un peu après le milieu ; élytres moins parallèles, moins acuminées à l'extrémité.

Découvert par mon ami Dieck à qui je l'avais déterminé comme A. Pyrenæus ; retrouvé par MM. de Bonvouloir, Abeille de Perrin et Ehlers.

4. *Adelops Pyrenæus*, Lespès. Lon., 3 1/5 mill. Rufotestaceus, oblongus, minus convexus, postice vix attenuatus, stria suturali obsoletâ, elytris transversim striolatis, antennis pedibusque elongatis, tarsis anterioribus in mare fortiter dilatatis, patellam formantibus.

Grottes de Bédeilhac, Sabart, Lombrive, Fontanet (Ariège).

Les traces de strie suturale varient suivant les individus. Bien visibles chez les uns, elles disparaissent presque totalement chez les autres.

5. *Adelops Discontignyi*, Saulcy. Long. 3 mill. Testaceus, oblongus, minus convexus, postice parum attenuatus, stria suturali obsoletâ, elytris transversim striolatis, pedibus antennisque elongatis, his in mare longioribus, tarsis anterioriobus in mare fortiter dilatatis, patellam formantibus.

Grotte dite Le Ker, à Massat (Ariège).

Voisin du précédent, plus petit, plus pâle, antennes beaucoup plus longues chez le mâle ; élytres un peu moins parallèles ; plus grande largeur du corselet aux trois quarts postérieurs.

Je le dédie à M. Léon Discontigny en souvenir de nos chasses à Bagnères.

6. *Adelops Barnevillei*, Saulcy. L. 3 mill. Rufotestaceus, oblongus,

minus convexus, postice attenuatus, stria suturali obsoletà, elytris transversim striolatis, pedibus antennisque elongatis, harum articulis 7, 9, 10 paulum inflatis, tarsis anterioribus in mare parum dilatatis, patellam non formantibus.

Grotte de Bédeilhac (Ariège).

Voisin du Pyrenæus, même forme générale, taille plus petite, en diffère surtout par l'épaisseur des derniers articles antennaires et par les tarses antérieurs du mâle de moitié plus étroits.

Je n'ai pris qu'un seul mâle et qu'une seule femelle, sous une pierre.

7. *Adelops Longicornis*, Sauley. L. 3 mill. Rufotestaceus, oblongus, minus convexus, postice vix attenuatus, stria suturali parum conspicuà, sutura ipsa depressa, elytris transversim striolatis, pedibus antennisque elongatis, his in mare longioribus, articulis 7, 9, 10 in feminà, 5, 6, 7, 9, 10 in mare inflatis, tarsis anterioribus in mare fortiter dilatatis, patellam formantibus.

Espèce très-remarquable, rappelant un peu le *Discontignyi*, plus foncée, plus large et à suture longitudinalement enfoncée. Les différences sexuelles y sont très-remarquables : chez le mâle qui est plus allongé, le corselet est un peu plus large que les élytres, sa plus grande largeur est aux deux tiers postérieurs ; les antennes de la longueur du corps sont épaissies à partir du 5me article ; chez la femelle, le corselet de la largeur des élytres, s'élargit jusqu'aux angles postérieurs et l'épaississement des antennes ne part que du 7me article ; l'antenne est près d'un quart moins longue.

Trouvé par MM. de Bonvouloir, Abeille de Perrin et Ehlers dans la grotte de Sarguet ou Campagna (Ariège).

8. *Adelops Sauleyi*, Abeille. L. 2 2/3 mill. Brunneo testaceus, ovatus, minus convexus, postice parum attenuatus, stria suturali parum conspicuâ, suturâ ipsâ depressà, elytris transversim striolatis, pedibus antennisque elongatis, harum articulis 7, 9, 10 in feminà, 5, 6, 7, 9, 10 in mare inflatis, tarsis interioribus in mare fortiter dilatatis, patellam formantibus.

Cette espèce se distingue de la précédente par sa taille moindre, ses antennes plus courtes, très-peu différentes dans les deux sexes, sa couleur un peu plus foncée ; le corselet est un peu plus large que les élytres, surtout chez le mâle, il est conformé selon les sexes comme dans le précédent. Je suis heureux de dédier cette espèce à M. F. de Sauley, qui a étudié mieux que personne les insectes hypogés.

Mes compagnons de voyage et moi avons trouvé cet Adelops dans les grottes de Montesquieu, La Bastide de Sérou et Lhern (Ariège).

9. *Adelops Abeillei*, Sauley. L. 2 2/3 mill. Brunneo testaceus, ovatus convexus, postice attenuatus, stria suturali fere nullâ, elytris transversim striolatis, pedibus antennisque elongatis, his gracilibus, in mare paulò longioribus, tarsis anterioribus in mare fortiter dilatatis, patellam formantibus.

Grottes d'Olote et du Mas d'Azil.

Cette espèce, voisine des deux précédentes, s'en distingue très-facilement par la forme du corselet dont la plus grande largeur est toujours à la base et ne dépasse pas celle des élytres, par la convexité plus forte, les antennes minces, sans articles extraordinairement épaissis, plus longues chez la femelle, de sorte que la différence est moindre selon les sexes et par la suture non déprimée ; on n'aperçoit chez quelques individus qu'une très-faible trace de strie suturale.

Découvert par MM. de Bonvouloir, Ehlers et Abeille de Perrin, à qui je me fais un vif plaisir de le dédier.

10. *Adelops Clavatus*, Sauley. L. 2 1/4 mill. Rufotestaceus, oblongus, minus convexus, postice parum attenuatus, striâ suturali obsolescente, suturâ ipsâ depressâ, elytris transversim striolatis, pedibus antennisque elongatis, his in mare longioribus, articulis 7, 9, 10 in feminâ, 5, 6, 7, 9, 10 in mare inflatis, tarsis anterioribus in mare fortiter dilatatis, patellam formantibus.

Grottes d'Amoulis, d'Aubert et de Fontsaint (Ariège).

Cette espèce présente aux antennes le caractère spécial des *Longicornis* et *Saulcyi* ; elle offre également la même disposition de suture, mais la taille est bien moindre, le corselet n'est pas, chez le mâle, plus large que les élytres; sa plus grande largeur est, chez les deux sexes, aux trois quarts postérieurs et les antennes sont moins longues.

Trouvé par M. Dieck, puis par MM. de Bonvouloir, Abeille de Perrin et Ehlers, et jusqu'à présent mêlé et confondu avec le suivant dont il est facile de le distinguer par la forme des antennes et la convexité moindre.

11. *Adelops Stygius*, Dieck. L. 2 1/4 mill. Rufotestaceus, oblongus, convexus, postice attenuatus, striâ suturali fere nullâ, suturâ haud depressâ, elytris transversim striolatis, pedibus antennisque elongatis, his gracilibus, in mare paulo longioribus, articulo decimo latitudine suâ in mare duplo, in feminâ sesqui longiore, tarsis anterioribus in mare fortiter dilatatis, patellam formantibus.

Découvert par M. Dieck dans une grotte près St-Girons (Ariège).

Facile à distinguer par sa forme convexe et atténuée en arrière, la plus grande largeur du corselet à la base, la suture et la strie suturale comme chez *l'Abeillei* et les antennes grêles sans articles extraordinairement épaissis.

12. *Adelops Zophosinus*, Saulcy. L. 1 4/5 mill. Rufotestaceus, oblongus, convexus, postice attenuatus, striâ suturali fere nullâ, elytris transversim striolatis, pedibus antennisque elongatis, his articulo decimo latitudine suâ in mare sesqui, in feminâ vix longiore, tarsis anterioribus in mare fortiter dilatatis patellam formadtibus.

Très voisin du précédent, bien plus petit, un peu plus convexe, de même forme générale ; antennes un peu plus courtes, à articles moins allongés, moins différents selon les sexes. Ces deux espèces ont un peu la forme de certaines Zophosis Je ne possède qu'un mâle et qu'une femelle trouvés dans une grotte près Prat (Ariège).

13. *Adelops Speluncarum*, Delarouz. L. 2 1/4 à 2 1/2 mill. Testaceus, oblongus, minus convexus, subparallelus, postice parum attenuatus, striâ suturali fere nulla, elytris transversim striolatis, antennis pedibusque elongatis, tarsis anterioribus in mare dilatatis, patellam non formantibus.

Cette espèce bien connue ne se trouve que dans la grotte de Betharram (Basses-Pyrénées). La strie suturale présente quelques traces visibles de côté, surtout en avant. Notre pauvre collègue Linder disait en avoir pris un exemplaire dans la grotte Sarrancolin (Hautes-Pyrénées) et l'avoir ensuite perdu. C'est sûrement une espèce différente qu'il serait désirable de voir retrouver.

14. *Adelops Schiodtei*, Kiesenwetter. L. 1 1/2 à 2 1/4 mill. Brunneotestaceus, ovatus, parum convexus, postice parum attenuatus, stria suturali nullâ, elytris transversim striolatis, antennis pedibusque brevioribus, tarsis anterioribus in mare fortiter dilatatis, patellam formantibus.

Cette espèce est répandue dans la chaîne des Pyrénées à partir de l'Ariège à l'Est jusqu'à Bayonne, et existe également dans le prolongement occidental de cette chaîne en Espagne et dans les bois des plaines Françaises adjacentes. Elle est commune aux Pyrénées sous les mousses et les feuilles mortes ainsi que dans la plupart des grottes, surtout celles de Betharram et Arudy (Basses-Pyrénées). Quoique M. Von Kiesenwetter ne parle pas des tarses antérieurs dans sa description et indique en premier lieu La Preste pour patrie, en ne plaçant les Pyrénées centrales qu'au second rang, je préfère laisser a la présente espèce, la plus répandue dans les collections, le nom de *Schiodtei*, duquel sont synonimes les A. *Meridionalis*, Duval, *grandis et depressus*, Fairmaire.

15. *Adelops Grenieri*, Sauley. L. 1 1/2 à 2 mill. Brunneus, oblongo ovatus, parum convexus, postice attenuatus, strià suturali nullâ, elytris transversim striolatis, antennis pedibusque brevioribus, tarsis anterioribus in mare dilatatis, patellam non formantibus.

Les individus que je possède ont été pris par Michel Nou sous les mousses aux environs du Vernet. Les exemplaires trouvés par M. Von Kiesenwetter à la Preste s'y rapportent très-probablement. Cette espèce est difficile à distinguer du *Schiodtei* ; la couleur est plus foncée, la forme un peu plus étroite et plus atténuée en arrière, les antennes plus épaisses surtout à la base, à articles plus cylindriques, les avant-derniers plus longs et les tarses antérieurs du mâle n'ayant que la moitié de la largeur de ceux du *Schiodtei*. Je le dédie à mon ami M. le Docteur Grenier.

16. *Adelops subasperatus* Sauley. L. 1 1/2 mill. Rufo testaceus, ovatus, parum convexus, postice attenuatus, strià suturali obsoletà, elytris confertim punctatis, haud striolatis, antennis pedibusque brevioribus, tarsis anterioribus in mare fortiter dilatatis, patellam formantibus.

Voisin à première vue du *Schiodtei*, mais plus petit, plus atténué en arrière ; en diffère surtout par les élytres qui sont couvertes d'une ponctuation serrée, irrégulière, un peu râpeuse et non striolées en travers, et qui présentent les traces peu marquées d'une strie suturale.

J'ai pris un seul exemplaire mâle sous les mousses dans les bois au-dessus d'Ornolac (Ariège).

17. *Adelops ovatus* Kiesenwetter. L. 1 mill. Rufo testaceus, breviter ovatus, fortiter convexus, postice attenuatus, strià suturali nullà, elytris transversim punctatis, striolatis, antennis pedibusque brevioribus, tarsis anterioribus in mare parum dilatatis, aegre distinguendis.

Les élytres ont leurs strioles formées de points râpeux justaposés. Les tarses antérieurs du mâle sont difficiles à distinguer à cause de leur faible dilatation. Répandu sous les mousses et les feuilles mortes dans les Pyrénées centrales; se trouve rarement dans les grottes. Il est cependant très-commun dans celle d'Aspet (Ariége).

18. *Adelops lapidicola* Sauley. L. 1 3/4 à 2 1/3 mill. Brunneus testaceus ovatus, subdepressus, postice attenuatus, strià suturali nullâ, elytris transversim punctato striolatis, antennis pedibusque brevioribus, tibiis posterioribus in mare validioribus, ad basin intus sinuatis, tarsis anterioribus in eodem dilatatis.

Brun roux, assez déprimé, large, atténué en arrière, tête et corselet comme chez le *Schiodtei* : corps plus brillant, antennes plus épaisses, élytres marquées de strioles formées par des points râpeux juxtaposés. Pattes épaisses ; tibias postérieurs droits et simples chez la femelle, plus larges et sinués en dedans à la base chez le mâle. Tarses antérieurs bien dilatés chez ce dernier, mais moins fortement que chez le *Schiodtei.*

Cette espèce a été découverte sous les pierres près des grottes d'Aubert et d'Estellas (Ariège) par MM. Abeille de Perrin, de Bonvouloir et Ehlers. Elle pénètre rarement dans l'intérieur de ces grottes.

19. *Adelops infernus* Dieck. L. 2 1/3 mill. Rufo testaceus, ovatus, valde convexus, postice attenuatus, striâ suturali integrâ, minus impressâ, elytris transversim confertissime tenuiter striolatis, antennis gracillimis, pedibusque subelongatis, tarsis anterioribus in mare haud dilatatis, ægre distinguendis.

Découvert par M. Dieck dans des grottes près St-Girons (Ariège); retrouvé par mon ami de Bonvouloir, Ehlers et moi dans celle d'Estellas.

Facile à reconnaître à sa forme, sa sculpture, ses antennes très-fines : les tarses antérieurs du mâle placent cette espèce avec la suivante dans un groupe particulier. Il n'est pas facile de distinguer ces tarses selon les sexes ; on reconnaît cependant avec une bonne loupe la présence d'un cinquième article chez le mâle.

20. *Adelops Delarouzei* Fairm. L. 1 3/4 à 2 1/4 Brunneus testaceus, ovatus convexus, postice vix attenuatus, stria suturali integra, bene impressâ, elytris transversim striolatis, antennis pedibusque subelongatis, tarsis anterioribus in mare haud dilatatis, ægerrime distinguendis.

Ce n'est qu'avec la plus grande peine que l'on peut distinguer la présence d'un cinquième article aux tarses antérieurs du mâle.

Se trouve dans la grotte de Montferret, vallée de Tech (Pyrénées-Orientales).

L'A. *Brucki* du même auteur provient de la grotte de la Preste, même vallée, et n'en est qu'une légère variété.

ANOPHTALMES FRANÇAIS.

A Corps entièrement velu de poils de médiocre longueur.

B Forme très-allongée, corselet très-convexe, pattes longues, antennes dépassant la moitié des élytres. *Chaudoiri.*

B' Forme relativement courte, corselet subconvexe, pattes courtes, antennes n'atteignant par la moitié des élytres.................................. } *Orcinus.* *Trophonius.*

A' Corps non velu, sauf quelques longs poils sortant de gros pores.

B Corselet déprimé sur son disque, sensiblement rétréci à la base et manifestement cordiforme, sauf chez le **Delphinensis**.

C Epaules avec six ou sept dents spiniformes bien marquées.................................. *Discontignyi.*

C' Epaules sans dents bien marquées.

D Elytres entièrement striées, les stries formées de gros points ronds enfoncés

E Stries irrégulières. Intervalles subconvexes. Corps déprimé.................................. *Lespesi.*

E' Stries régulières. Intervalles très-convexes. Corps convexe.

F Corselet au moins aussi long que large, à côtés se redressant avant le milieu et à angles postérieurs droits.................................. } *Orpheus.* *Consorranus.*

F' Corselet plus large que long, à côtés ne se redressant qu'à la base même pour former un angle aigu unciforme.................................. *Delphinensis.*

D' Elytres avec des stries superficielles, effacées sur les côtés et à l'extrémité, lesdites stries subponctuées de très-petits points ou non ponctuées.

E Six ou sept stries visibles vers la base des élytres formées de très-petits points.

F Taille plus grande (5 mill.), couleur plus foncée, une dépression basilaire sur les élytres.......... *Auberti.*

F' Taille plus petite (4 mill.), couleur plus claire, pas de dépression basilaire sur les élytres........ *Raymondi.*

E' Trois ou quatre stries vagues et imponctuées sur les élytres.

F Trois ou quatre pores setigères près de la suture.

G Taille petite (4 mill.), élytres un peu pruineuses. Antennes s'arrêtant avant la moitié des élytres. Angles de la base du corselet obtus............. *Gallicus.*

G' Taille grande (6 mill.), élytres non pruineuses. Antennes dépassant la moitié des élytres. Angles de la base du corselet aigus et dirigés en arrière. *Rhadamanthus.*

F' Six pores sétigères près de la suture......... .. *Bucephalus.*

B' Corselet subcylindrique à peine plus rétréci à la base qu'au sommet, très-convexe sur son disque.

C Antennes dépassant notablement l'extrémité du corps.................................... *Pluto.*

C' Antennes n'atteignant pas ou atteignant à peine l'extrémité du corps.

D Tête à côtés absolument parallèles, sans cou distinct, pattes très-courtes........................... *Ehlersi*

D' Tête à côtés plus ou moins renflés, avec un cou distinct. Pattes assez longues.

E Premiers articles des tarses antérieurs dilatés chez le mâle.

F Antennes atteignant l'extrémité du corps.

G Les deux avant-derniers pores sétigères de la première série des élytres aussi distants entre eux qu'ils le sont des autres..................... ... *Cerberus.*

G' Ces deux derniers pores très-rapprochés entre eux. *Var. inæqualis*

F' Antennes n'atteignant pas tout à fait l'extrémité du corps, comme chez les suivants................ *Æacus.*

E' Premiers articles des tarses antérieurs simples dans les deux sexes.

F Taille grande (7 mill. au moins), corselet deux fois plus étroit que la tête.......................... *Leschnaulti.*

F' Taille plus petite (5 mill. au plus), corselet aussi large ou à peine moins large que la tête.......... *Crypticola.*

Je n'ai pu faire entrer dans ce tableau les *Pandellei* et *Minos* que je ne possède pas. Le premier, propre à la grotte de Betharram, est un *Aphænops*, le plus petit de tous. Le deuxième, qui a été pris à la grotte de Lombrive, a aussi une forme aphœnopsienne, mais le mâle a les tarses antérieurs dilatés et il se distinguera tout de suite des *Cerberus* et *Æacus* par ses pattes courtes.

Quant aux différences qui séparent l'*Orcinus* du *Trophonius* et l'*Orpheus* du *Consorranus*, voir leurs descriptions dans la relation du voyage qui précède.

—

Quelques-uns de mes amis m'ayant demandé un tableau des Anohptalmes français, je leur offre celui-ci, tout incomplet et informe qu'il est, pensant cependant qu'il pourra leur être de quelque utilité.

DESCRIPTIONS

DE

COLÉOPTÈRES FRANÇAIS

1. PITYOPHAGUS LÆVIOR. Abeille.

5 à 6 millim.

Pallide ferrugineus, convexus, prothorace depresso, corporis punctis aciculatis, in elytris lævibus, versus apicem evanescentibus; elytris inter puncta lævissime reticulatis sub oculo quam fortissime armato.

Gallia meridionalis, circa pinos mortuos infrequens.

Corps cylindrique ; tête et corselet élargis chez les mâles comme chez le *ferrugineus*. Pour le reste une description comparative fera mieux ressortir les caractères de mon espèce.

FERRUGINEUS.	LÆVIOR.
D'un brun fauve, avec la tête (excepté dans les exemplaires immatures) toujours plus foncée, souvent noire, ainsi que l'extrémité des élytres. La couleur noire envahit quelquefois le corselet et la moitié postérieure des élytres.	Fauve pâle, sauf les yeux, les mandibules et le rebord du corselet. Nous n'avons jamais vu varier cette coloration.
Ponctuation du dessus du corps forte et serrée ; les points des élytres sont profonds, confluents et forment des sortes de rides longitudinales.	Ponctuation du dessus du corps médiocre, peu serrée ; les points des élytres sont allongés, mais superficiels.
Ces points forts même à l'extrémité.	Ces points s'évanouissent à l'extrémité.
Elytres complètement lisses entre ces points.	Elytres ornées entre ces points d'un guillochis très-fin, perceptible seulement au moyen d'une très-forte loupe.
Tête petite et sinueusement rétrécie en avant chez la femelle.	Tête assez forte et non sinueusement rétrécie en avant chez la femelle.
Corselet très-convexe dans les deux sexes.	Corselet déprimé sur son disque, surtout chez le mâle.
Habite les parties froides et montagneuses de l'Europe sur les sapins.	Habite l'extrême midi de la France, sur les pins.

2. TROGODERMA HIEROGLYPHICA. Abeille.

2 à 2, 8 millim.

Oblonga nigra, antennis rufis, clavâ 7-articulatâ in mare. Elytra maculis et fasciis variis ornata, his rufis pube cinereâ vestitis. Pedes rufescentes.

Oblong noir. *Antennes* entièrement testacées, à massue commençant dès le 4e article chez le mâle et composée de 7 articles. *Tête et corselet* luisants, couverts d'une pubescence grisâtre, le second ponctué beaucoup moins densément que la tête. *Elytres* subparallèles jusqu'aux deux tiers, obtusément arrondies ensuite, avec un repli rouge à sa base, couvertes d'une ponctuation forte, mais non très-serrée, garnies d'un duvet concolore, parées chacune des taches ou bandes rouges recouvertes de duvet blanc, ce dessin formé ainsi qu'il suit : un arc suivant et couvrant l'extrême bord de la base et s'étendant jusqu'au 6e de la suture ; une tache au-desous de l'épaule se joignant parfois à une autre tache près de la suture ; une bande transversale placée au milieu de l'élytre, formant près du bord latéral une sinuosité dont le côté convexe est tourné en arrière et projetant quelquefois un rameau en dessus du bord externe avant cette sinuosité ; une large bande sinueuse vers les quatre 5es de l'élytre, partant de la suture et allant rejoindre le bord externe, où elle s'élargit et s'étend en dessous pour former un arc de cercle dirigé comme l'arc supérieur ; une tache apicale occupant plus ou moins le sommet de l'élytre et se joignant par la suture et parfois même par le bord latéral à la bande supérieure. Ce dessin varie notablement et la couleur rouge s'étend même assez dans certains exemplaires pour envahir la majeure partie de l'élytre qui devient rouge avec des taches et des bandes noires. *Dessous du corps* noir ponctué, garni d'un duvet gris fauve. *Pattes* rouges avec les cuisses et les tibias, surtout les postérieurs, un peu rembrunis et parfois noirâtres.

Très-voisine de la *fuscicornis* Rey par la composition de sa massue antennaire ; en diffère par ses élytres non rugueusement ponctuées et son dessin rouge.

S'éloigne de la *testaceicornis* Perris par sa massue commençant au cinquième article chez le mâle ; du *Versicolor* Creutz, par ses antennes rouges et la composition de leur massue ;

De tous trois par sa petite taille.

Doit se rapprocher beaucoup du *Costæ* Rey, qui, d'après cet auteur, pourrait n'être qu'une variété du *Versicolor* ; mais il est dit que la

Costæ est seulement un peu plus petit que ce dernier, tandis que notre espèce n'atteint que la moitié de sa taille ; en outre le *Costæ* doit, par la place qu'il occupe dans la monographie de M. Rey,avoir les antennes noires et la massue de 4 ou 5 articles ; enfin sa provenance est différente puisqu'elle a été trouvée à Naples par M. A. Costa.

Distincte de l'*albonotata* Rey par son dessin rouge et ses taches réunies en bandes ; de l'*elongatula* fab. (*nigra* Herbst) par sa ponctuation espacée et son dessin rouge ; de ces deux espèces ainsi que des *Villosula* Duft et *hirsutula* Rey, qui sont toutes noires, par la composition de sa massue antennaire.

Cette jolie espèce se prend rarement dans les environs de Marseille, de Toulon et à la Sainte-Baume.

3. ANTHAXIA DITESCENS. Abeille.

Long. 7 mill. ; larg. 2,5 à 2,8 m.

Oblonga, depressa, attenuata : thorace leviter et non dense reticulato, viridi, plagis duabus nigris ornato : elytris aureo micantibus, ad basim viridibus triangulo non recte delimitato et ad latera basalia prolongato. Corpus subtus viridis, non dense reticulatum.

Oblong, assez déprimé, atténué postérieurement. *Front* pubescent de blanc, densément réticulé, vert doré très-brillant, noirâtre sur le vertex chez le mâle, bleu foncé obscur chez la femelle; épistome sinué. Antennes grêles, a articles allongés, dépassant le corselet. Corselet un tiers plus large que long, à angles postérieurs droits obtus; très-peu arrondi sur les côtés en avant : couvert sur tout son disque de mailles lâches et à intervalles peu saillants, plus serrées sur les côtés ; subsillonné sur sa ligne médiane en arrière; vert brillant avec deux grandes taches noires occupant tout son disque de chaque côté de la ligne médiane, ces taches retrécies sinueusement par derrière de manière a laisser libre un carré long vert près de chaque angle postérieur. Ecusson subconvexe, noir métallique, guilloché. Elytres aussi larges à la base, deux fois aussi longues que le corselet, sinueusement rétrécies sur les côtés, arrondies et denticulées au bout, rugueusement granuleuses, avec des vestiges de côtes longitudinales ; d'un rouge d'or, avec un triangle vert doré, a bords fondus à la base ; cette couleur s'étend aussi le long du bord latéral de l'élytre derrière le calus huméral. Dessous d'un vert luisant à réticulation lâche. Abdomen échancré triangulairement et peu profondément chez le mâle.

Bois de Montrieux, près Toulon ; une trentaine d'individus pris par M. Aubert, à qui l'Entomologie doit déjà de précieuses découvertes.

Cette espèce ne peut être confondue qu'avec les *parallela*, *viminalis* et *fulgidipennis*. Ses couleurs brillantes et claires par dessus et par dessous la distinguent de suite de la première.

Son corselet finement réticulé au lieu d'être ridé et rugueux, sa forme plus ample, ses couleurs plus claires, le triangle de la base des élytres plus large et se continuant sur le bord latéral, enfin le dessous du corps beaucoup moins densément ponctué l'éloignent de la *fulgidipennis*.

Elle a plus de rapport pour sa sculpture thoracique avec la *viminalis*, dont elle diffère par le triangle basal des élytres confusément limité, la forme plus déprimée et plus large et le dessous du corps de couleur claire.

Je dois ajouter qu'en distinguant ainsi cette espèce de la *fulgidipennis*, il pourrait se faire que cette dernière ne se trouvât pas en France.

4. MELANOTUS SUBLUCENS. Abeille.

10 à 12 mill.

Niger, nitidus, pube breviore cinerea vestitus, nigricante elytrorum ad latera. Pectus et thorax subtus picei, venter dilutior antennæque pedesque. Caput convexum. Thorax haud longior quam latior, lateribus non inflatus, sat confertis, sed non profundis nec grossis punctis cribratus, angulis posticis sat prolongatis acutis, carenis mediocribus, distantibus a lateribus, sulcis haud peripiscuis. Elytra mediocriter elongata regulariter punctulata, striis non profundis.

Noir brillant, couvert d'une pubescence très-courte, blanchâtre sur le disque des élytres, noire sur les côtés de celles-ci. *Tête* régulièrement subconvexe; chaperon arqué. *Antennes* rouges ne dépassant que faiblement les angles postérieurs du corselet; 2e article petit, 3e une fois et demie de la taille du précédent, 4e un peu moins long que les deux précédents réunis. *Corselet* aussi long que large, à côtés subparallèles dans leur moitié postérieure, s'arrondissant sans dilatation en avant; angles postérieurs assez longs, prolongés en arrière, aigus, non ou à peine divariqués; les carènes partant du sommet des angles postérieurs sont médiocres et s'en écartent beaucoup en avant; sillons basilaires indistincts; ponctuation assez serrée, mais faible et peu profonde, forte et rugueuse sur les côtés. *Ecusson* plus long que large, arrondi au sommet. *Elytres* plus de deux fois et demie plus longues que le corselet, de sa largeur à leur base, rétrécies de la au sommet, plus fortement près de celui-ci, angle apical un peu émoussé. *Dessous du corps* rougeâtre, plus foncé sur les parties prothoracique et pectorale ; à ponctuation forte et serrée. *Pieds* rouges ; hanches postérieures larges et affectant dans leur moitié interne la forme d'un carré échancré postérieurement, se rétrécissant ensuite brusquement et sinueusement de manière à ce qu'à leur bord externe le bord postérieur se fonde presque avec le bord antérieur.

Sainte-Baume et les Dourbes (près Digne), sur les chênes fleuris en mai-juin ; très-rare.

Ce Melanote se distingue parfaitement de tous ses congénères Français par son corps brillant. En outre ses pattes rouges l'éloignent des *niger*, *tenebrosus* et *brunnipes ;* sa taille et la longueur moindre de ses étuis des *sulcicollis* et *castanipes*, sa faible ponctuation prothoracique des *punctatocollis*, *rufipes* et *crassicollis*, sa pubescence très-courte et sombre des *amphithorax* et *dichrous*.

Il diffère des Melanotus unicolores étrangers, mais appartenant à des faunes voisines de la nôtre, savoir :

Du *monticola* par ses élytres plus longues, ses pattes et ses antennes rouge clair, le 4e article de celles-ci à peine égal aux deux précédents réunis ; des *robustus*, *œmulus*, *torosus* et *compactus* par sa pubescence fine, courte et ne modifiant pas la teinte des téguments ; du *mauritanicus* par sa taille moindre, le front non déprimé, les sillons de la base du corselet indistincts et les carènes de ce segment éloignées du bord externe. Enfin le *Cinerascens* Kust doit s'en rapprocher beaucoup ; mais ces expressions : « prothorax densément et fortement ponctué » ne peuvent lui convenir.

Il est à regretter que M. Candèze n'ait pas décrit la forme des hanches postérieures des *Melanotus*. Le *sublucens* présente en effet sous ce rapport un caractère très-remarquable. Si M. Candèze l'avait connu, il n'aurait pu donner comme caractère distinctif de ses Melanotites les hanches postérieures étroites, peu et insensiblement élargies en dedans, l'opposé de ce qui existe chez le *sublucens*. Le *dichroüs* fait un peu le passage, sous ce rapport, entre mon espèce et les autres que je connais.

5. HELODES CHYSOCOMES. Abeille.

4, 8 à 5, 5 mill.

Testaceus, elongatus, pectore, abdomine, 8 articulis ultimis antennarum et sæpe elytris ad apicem et capite nigricantibus. Thorax angustior quam elytræ ad basim. Elytra dense et minute punctata, pube longâ et sericeâ obtecta. Ultimum abdominis segmentum in mare valde et profunde incisum, triangulo impresso.

Testacé clair, avec la tête, les antennes sur leurs 8 derniers articles, le dessous du corps, sauf l'extrémité du dernier segment abdominal, et parfois le sommet des élytres rembrunis. *Tête* densément et fortement ponctuée. *Yeux* assez éloignés entre eux. *Antennes* dépassant la moitié des élytres, à 1er article ovale et renflé, 2e globuleux, près de 3 fois plus court que le 1er, 3e très-petit n'égalant pas la moitié du précédent, 4e d'un quart plus long que les trois précédents réunis, les suivants très-allongés. *Corselet* transverse, moins de deux fois plus large que long, plus étroit à la base que la racine des élytres ; bords latéraux déprimés et un peu relevés; bord antérieur formant gouttière; à ponctuation médiocre et peu serrée. *Ecusson* subconvexe, finement et densément ponctué. *Elytres* ayant leur plus grande largeur au milieu ; finement, densément et transversalement pontuées ; plus allongées chez le mâle, ayant 6 ou 7 carènes longitudinales obsolètes chez la femelle. *Metasternum*, ses épisternums et abdomen densément ponctués, les premiers superficiellement, le dernier plus profondément. *Dernier segment abdominal* entier et tronqué chez la femelle, profondément et triangulairement échancré chez le mâle, portant en outre une impression large et triangulaire, dont la pointe un peu mousse est tournée du côté de la tête. On voit aussi sous un certain jour une ligne médiane longitudinale enfoncée sur les 2e et 3e segments. Tout le corps est vêtu d'une pubescence longue et serrée, très-soyeuse sur les élytres.

Diffère des *Bonvouloiri*, *Haussmani*, *marginata*, *flavicollis* et *Gredleri* par le dernier segment du mâle avec une fossette.

Des *nigripennis* et *Genei* par la couleur uniformément jaune des élytres; du 1er par sa ponctuation fine et du second par la forme triangulaire de la fossette abdominale du mâle, qui, chez le *Genei*, est parallèle et longitudinale.

Des *minuta*, *elongata* et *scutellaris* par cette même fossette triangulaire au lieu d'être en demi-cercle ou longitudinale et la profondeur de l'échancrure abdominale.

Se rapproche plus de la *Kiesenwetteri* par ses caractères sexuels ; mais la fossette abdominale de cette dernière est plus pointue au sommet, le corselet est plus large à la base que la racine des élytres et la taille est moitié plus petite.

Découvert à Colmars (Basses-Alpes) par mon cher ami M. Rizaucourt.

6. DRYOPHILUS DENSIPILIS. Abeille.

Oblongo ovalis, sat longe pubescens, nigro-brunneus vel piceus, antennis pedibusque ferrugineis. Caput et thorax dense punctati, sed non rugosi : hic transversalis, vix carinatus.

Ovale oblong, revêtu d'une pubescence assez longue et jaunâtre ; noir avec le sommet du corselet et les épaules d'un roux de poix, les palpes testacés, les antennes et les pieds ferrugineux. *Tête* et *corselet* assez densément, mais non rugueusement ponctués. Front assez convexe, très-pubescent. Corselet transversal, arrondi sur les côtés, étranglé en avant, à peine carêné en arrière. *Elytres* finement striées-ponctuées ; intervalles subconvexes, à ponctuation lâche.

Variété : Elytres plus ou moins rougeâtres.

Mâle : Antennes atteignant les trois quarts du corps, à trois derniers articles très-grands, sublinéaires, pas plus épais que les précédents, beaucoup plus longs pris ensemble que le reste de l'antenne ; 2 à 6 presque carrés, 7 et 8 plus longs que larges. Yeux très-saillants. Tête. y compris ceux-ci, à peine plus large que le corselet ; ce dernier plus étroit que les élytres, atténué et étranglé près du sommet, obsolètement carêné à la base. Elytres allongées, subparallèles, 4 fois plus longues que le corselet.

Femelle : Antennes n'atteignant pas le milieu du corps, à 3 derniers articles de moitié moins grands que dans le mâle, un peu plus épais que les précédents, sensiblement moins longs, à eux trois, que le reste de l'antenne ; 2 et 3 plus longs que larges, 7 et 8 aussi longs que larges, 4 à 6 transversaux, le 5ᵉ plus grand que chacun de ses voisins. Yeux médiocrement saillants. Tête, y compris ceux-ci, plus étroite que le corselet ; corselet plus étroit que les élytres, moins atténué en avant que chez le mâle. Elytres à côtés moins parallèles, trois fois et demie plus longues que le corselet.

Cette espèce se distingue immédiatement du *Raphaelensis* par son duvet unicolore ; des *anobioïdes* et *longicollis* par sa taille, sa couleur et son corselet transversal. Elle forme un peu le passage entre les *pusillus* et *rugicollis*. Elle diffère du premier par sa pubescence longue et jaunâtre, les intervalles des élytres non granuleux et les articles intermédiaires des antennes très-serrés ; du deuxième par son corselet beaucoup moins rugueux, les articles intermédiaires des antennes plus longs, plus détachés et leur cinquième article beaucoup plus gros proportionnellement ; de tous deux par son corselet plus long, étranglé au sommet.

Cette espèce est assez abondante dans les environs de Marseille et à la Sainte-Baume, au mois de mai. Mes amis et moi possédons deux autres espèces nouvelles de Dryophilus ; mais il est nécesssaire pour les décrire d'en posséder un plus grand nombre d'exemplaires.

7. RHIPIDIUS QUADRICEPS. Abeille.

Long. 4 millim.

Mas: nigro piceus, elytris dilutioribus; caput elongatum, parrallelum, oculis contiguis, dimidiam partem capitis occupantibus. Antennæ 11 articulatæ, flabellatæ, longiores, nigricantes. Thorax trapezoïdalis, subnitidus, quamquam confertim rugosulus, angulis anticis rotandatis, posticis acutis, lateribus emarginatis. Scutellum latius, quadratum. Elytra angusta, distantia. Corpus compressum. Alæ hoc multo longiores. Femina latet.

J'ai été très-embarrassé pour savoir quel était l'insecte que je devais considérer comme le vrai *pectinicornis*. Si la figure de Duval (Gen. tom. 3, pl. 92) représente exactement le *pectinicornis*, mon espèce en diffère par la tête allongée, les yeux n'occupant que la moitié de sa longueur et les élytres étroites, pas même aussi larges à leur base que le tiers de la base du thorax. Je crois cependant que cette figure n'est pas d'une exactitude rigoureuse et que je dois considérer comme le vrai *pectinicornis* un insecte que je tiens de la libéralité du Dr Auzoux et qui provient des mêmes localités que le type de M. Dohrn figuré dans Duval. Si cette supposition est reconnue vraie, aux différences qui séparent mon espèce de celle de Duval et qui se retrouvent toutes, j'en puis ajouter d'autres sérieuses : les antennes du *quadriceps* dépassent notablement la base du corselet, et sont par conséquent beaucoup plus longues que chez son congénère où elles atteignent à peine la base de ce segment; les feuillets sont beaucoup plus allongés proportionnellement; le corselet plus brillant, à granulation moins serrée, plus long, à angles antérieurs plus marqués; l'écusson non échancré au sommet; les élytres sont plus longues et terminées par une sorte de petite cuiller plus pâle; le corps beaucoup moins large, les ailes de moitié plus longues. Enfin le scutum du metathorax, laissé complètement à découvert par les élytres, est partagé en trois par deux lignes enfoncées qui partent de la base de cette pièce et convergent sous l'écusson; mais à cet endroit les deux lignes se rencontrent presque chez le *pectinicornis*, tandis qu'elles restent chez le *quadriceps* séparées entre elles par un espace presque aussi large que la longueur de l'écusson.

Je ne compare pas mon espèce au *lusitanicus* Gerst, dont les antennes n'ont que dix articles.

J'ai capturé le seul mâle que je possède dans la vallée de la Charmette, qui est parallèle et juxtaposée à celle de la Grande-Chartreuse (Isère), en battant un Erable pseudoplatane en juin. Il est probable que ce Rhipidius vit en parasite dans le corps d'une petite Blatte jaunâtre fort abondante dans cette localité.

8. XYLOPHILUS PATRICIUS. Abeille.

2 millim.

Niger, puntatus, thorace rufo, antennis nigricantibus; 2° articulo rufo, tertio nigro; pedibus infuscatis, tibiis dilutioribus. Mas: longior, thorace nigrante; 3° articulo antennarum duplo longiore quam latiore; femoribus posticis ad apicem subdentatis, tibiis incurvatis; elytris ad apicem prope suturam denticulo armatis.

MM. Rey et Mulsant ont formé le sous-genre *Anidorus* pour les *Xylophilus nigrinus et sanguinolentus*. Cette coupe est caractérisée pour eux par le peu d'écartement des yeux et la forme du troisième article des antennes. A ces caractères, on pourra ajouter celui-ci, qui, quoique très-remarquable, a échappé à l'attention de nos maîtres Lyonnais: *Elytres ayant chez les mâles une petite épine à la déclivité postérieure de leur disque*. Par ce moyen nous rejetons hors de cette coupe le *ruficollis*, que ces auteurs n'ont pas connu, et qui, malgré sa coloration semblable à celle des *Anidorus*, s'en distinguera facilement par l'absence de cette épine et le corselet bosselé et sculpté au lieu d'être régulièrement convexe. Ces auteurs ne séparent qu'avec doute le *sanguinolentus* du *nigrinus*. Malgré leur parenté, leur séparation me paraît incontestable, si, outre la différence de forme du troisième article antennaire du mâle, on remarque que les élytres du *nigrinus* mâle sont creusées longitudinalement d'une manière fort remarquable, que cette dépression est couverte d'une ponctuation très-espacée, et qu'enfin le *nigrinus* mâle a les cuisses postérieures subdentées près de l'extrémité et les tibias postérieurs courbés, tandis que le *sanguinolentus* a ces cuisses à peine renflées au milieu et ces tibias droits. Ces signes distinctifs n'ont pas encore été indiqués. — M. Bauduer a découvert à Sos une troisième espèce appartenant à ce groupe et formant le passage entre les deux précédentes; ayant les pattes postérieures du *nigrinus*, les élytres du *sanguinolentus* et les antennes à troisième article de forme intermédiaire. Je n'aurais pas cependant osé lui donner droit de cité, si M. Bauduer n'avait bien voulu m'en communiquer une centaine d'exemplaires absolument identiques. J'ai pris en Suisse le *nigrinus*:

le *sanguinolentus* n'est pas très-rare sur nos pins, habitat exclusif des *Anidorus*, et jamais je n'ai vu varier les légers caractères de ces trois espèces cousines germaines. Il est vrai que leurs femelles sont à peu près indiscernables entre elles; mais les caractères propres aux mâles ne peuvent, d'autre part, permettre leur réunion, et il en sera de ce groupe comme de plusieurs genres de coléoptères, certains *Bythinus*, par exemple, dont on ne peut séparer infailliblement que les mâles. Le tableau suivant aidera à distinguer les mâles de nos trois espèces:

A. Elytres très-comprimées sur les côtés, creusées chacune d'une profonde dépression longitudinale qui fait paraître la suture élevée et une sorte de côte près du bord externe; cette dépression couverte d'une ponctuation beaucoup plus lâche que sur le reste de l'élytre, 3e art. des antennes, aussi mince que les autres, trois fois plus long que large........,........... .... *Nigrinus.*

A' Elytres comprimées sur les côtés, simplement déprimées sur leur partie antérieure, à ponctuation subégale.

B. Cuisses postérieures munies d'un renflement dentiforme près de l'extrémité; tibias postérieurs courbés; 3e art. des antennes deux fois plus large que les suivants, deux fois plus long que large.... *Patricius.*

B' Cuisses postérieures à peine renflées au milieu; tibias droits, 3e art. des antennes très-large, presque carré..... .... *Sanguinolentus.*

Ajoutons que l'article dilaté du mâle est de la même couleur que les précédents chez le *Nigrinus*, tandis qu'il est noir velouté chez les deux autres et tranche sensiblement sur la couleur de ceux entre lesquels il est placé. Quant à la couleur du corselet qui varie un peu, elle est chez le *Nigrinus* noire chez le mâle et rouge un peu foncé chez la femelle; chez le *Patricius* noire brunâtre chez le mâle et rouge brunâtre chez la femelle, et chez le *Sanguinolentus* rouge dans les deux sexes.

9. LARINUS SANCTÆ BALMÆ. Abeille.

Long. : 11 à 12 mill. (rostro excluso), larg. : 5, 3 mill.

Elongatus, nigro griseus, dense et subtiliter punctato-coriaceus; rostro ut in Maculato, minus crasso: thorace elongato, conico: elytris leviter striatis, maculis punctiformibus et distantibus ornatis, in 3e ad basim et apicem elongato-densis, in 8e et 9e interstriis transversalibus.

Allongé, gris noir. *Tête* convexe, finement granulée, rostre deux fois plus long que la tête, peu massif, à peine courbé, finement ponctué, tricaréné, avec une fossette entre les yeux. *Antennes* d'un ferrugineux obscur, à massue pubescente allongée, égalant à peu près la tête y compris le rostre *Corselet* un peu plus long que large, régulièrement conique, peu arrondi sur les côtés, peu brusquement étranglé au bord antérieur, à double ponctuation fine et serrée, légèrement caréné au milieu. *Elytres* débordant médiocrement la base du corselet, à épaules très-peu saillantes et arrondies, très-peu comprimées latéralement au milieu, deux fois aussi longues que larges, marquées de légers points en stries, finement granuleuses, à angle sutural émoussé, à calus apical médiocre. *Prosternum* étroit, s'arrêtant au milieu des hanches antérieures, mésosternum convexe et saillant; ventre densément et fortement ponctué ; 2e arceau avec une carène peu marquée transversale. A l'état frais, cet insecte est couvert d'une pruinosité jaune rougeâtre qui couvre tout le corselet et la tête ; plus épaisse sur les bords latéraux et le dessous du corselet, ainsi que sur tout le dessous du corps ; disposée en petites mouchetures transversales sur toute la surface de l'élytre ; ces mouchetures condensées en deux taches un peu allongées placées de chaque côté de l'écusson, réunies souvent entre elles sur le 3e intervalle, à l'extrémité duquel elles forment une tache très-allongée, et sur les 8e et 9e intervalles où elles forment de petites taches transversales.

Cette espèce ne ressemble qu'au *Maculatus*, dont sa taille, sa forme allongée, sa faible ponctuation thoracique et son dessin la distinguent facilement.

Sainte-Baume (Var), rare.

J'avais offert le seul individu de cette espèce que j'eusse alors entre les mains à notre regretté Capiomont, qui le jugea parfaitement nouveau. Depuis la mort de notre pauvre collègue, nous en avons repris un certain nombre d'exemplaires, et, dans l'incertitude où je suis si de longtemps la monographie des Larinus sera reprise et conduite à terme, je ne veux pas priver ce bel insecte du droit de figurer dans notre Faune.

10. RAYMONDIA CURVINASUS. Abeille.

3 mill.

Rufa, mediocriter elongata. Rostrum valde arcuatum. Thorace fortiter punctato, punctis densis et regulariter 6-seriatis. Elytra striato punctata, striis postice evanescentibus ; interstitio 7° ad apicem valde carinato Tibiis triangulo externo dentatis.

Médiocrement allongé, rougeâtre. *Tête* très-légèrement ponctuée sur le front. *Rostre* très-épais, très-légèrement ponctué et caréné, très-courbé, bossu à la base. *Antennes* testacées. *Corselet* régulièrement ovalaire, tronqué en avant et en arrière, non sinué à la base ; offrant sur son disque une carène assez marquée ; couvert de gros points rapprochés, disposés en 6 lignes longitudinales de 8 à 10 points chacune, et de points épars sur les bords. *Elytres* ovalaires allongées, deux fois et demie aussi longues que le corselet, couvertes de stries formées de très-gros points, pas plus petits sur les côtés et s'évanouissant en arrière ; le 7e intervalle à partir de sa moitié postérieure relevé en carène plus tranchante encore que chez la *Marqueti* ; couvertes de petites soies courtes, raides et en séries, plus saillantes en arrière. *Tibias* fortement et triangulairement dilatés en dehors avec une large échancrure hispide sur cette dilatation.

Cette espèce se distinguera de ses congénères par un grand nombre de caractères, dont les suivants sautent aux yeux. Elle diffère : de l'*Apennina* Dieck, par son rostre très-courbé ; des *Marqueti* Aubé et *Sardoa* Perris, par son corselet bien plus densément ponctué ; des *Longicollis* Perris et *Delarouzei* Bris, par la taille, la forme du corselet et du corps beaucoup moins allongée ; enfin, de la *Fossor* Aubé, par le 7e interstrie des élytres, relevé en carène tranchante et la ponctuation du corselet en lignes.

J'ai pris un seul exemplaire de cette remarquable espèce, la plus grande connue, sous une grosse pierre profondément enfoncée le long de l'Huveaune au Rouet, près Marseille, en décembre.

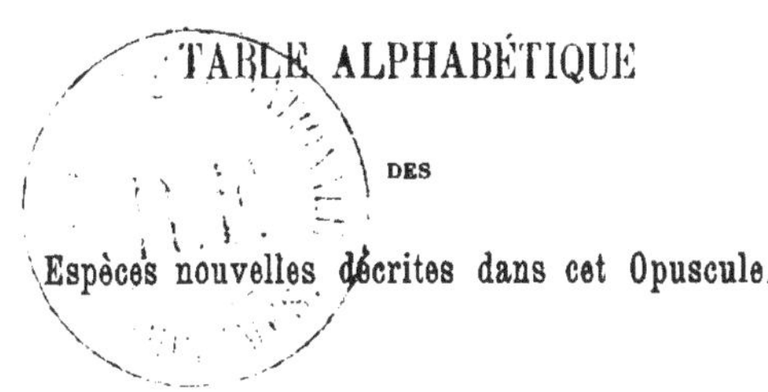

TABLE ALPHABÉTIQUE

DES

Espèces nouvelles décrites dans cet Opuscule.

www.ingramcontent.com/pod-product-compliance
Ingram Content Group UK Ltd.
Pitfield, Milton Keynes, MK11 3LW, UK
UKHW021958260726
13994UKWH00004B/1835

9 782329 424026